BRIGITTE-MELANIE AKAMBA

L'INTRIGUE

BRIGITTE-MELANIE AKAMBA

L'INTRIGUE

Le mal inutile qu'on se fait

Éditions Muse

Cover image: www.ingimage.com

Publisher:
Éditions Muse
is a trademark of
Dodo Books Indian Ocean Ltd. and OmniScriptum S.R.L publishing group

120 High Road, East Finchley, London, N2 9ED, United Kingdom
Str. Armeneasca 28/1, office 1, Chisinau MD-2012, Republic of Moldova, Europe
Printed at: see last page
ISBN: 978-620-7-81158-8

LE TEST

Sa décision était prise ! Il lui fallait tester l'amour. Raoul était un homme de la soixantaine polygame de deux femmes ; Marthe 42 ans trois enfants (Rita 18 ans, Luna 16 ans et Arnauld 8 ans) et Ludovine 33 ans sans enfant. Trop de rumeurs sur ses belles femmes. Il lui fallait en avoir le cœur net. Ses deux frères de confiance Stanislas et Douglas fabriquèrent une potion afin de permettre à Raoul de « faire le mort » en gardant l'organe de l'ouïe à l'écoute.

Ce matin-là, de retour de leurs activités quotidiennes et découvrant le corps sans vie de leur mari et père, les femmes et les enfants étaient sans mots : d'un côté, on essayait de ranimer Ludovine qui était dès lors dans le coma et de l'autre, on empêchait Marthe de se jeter sur le cadavre de son mari. Les enfants pleuraient à gorge déployée en repassant chacun les actions du père merveilleux qu'ils avaient. Deux heures plus tard, un semblant de calme se faisait sentir. Ludovine était sortie de son coma, Marthe et les enfants pleuraient moins fort.

Un inconnu aux chaussures à talons retentissants entra dans la maisonnette et Arnauld, le fils de Marthe, se précipita vers lui en criant : « Papa ! papa ! » L'assemblée n'en revenait pas de ce qu'elle venait d'entendre. Ludovine énervée se leva et alla coller une bonne paire de gifles à sa coépouse en disant : « Petite prostituée ! » « Je savais que sous tes apparences de femme religieuse se cachait un vrai monstre ! » Elle voulut poursuivre quand Stanislas, un des deux frères de confiance de Raoul, la stoppa : « Ferme ta bouche associée au serpent ! » Tous les hommes du village sont déjà passés sur toi ! » Ludovine réplica sans attendre : « Je sais que Douglas et toi vous êtes les pères respectifs de Rita et Luna. » Quelle situation humiliante ! Les femmes de Raoul lui sont infidèles, ses enfants ne sont pas ses enfants et ses frères de confiance sont les pères de ses deux filles. S'il faisait semblant d'être mort, autant d'informations l'auraient tué à coup sûr. Douglas se leva comme voulant faire une grande déclaration : « Raoul est mort, c'est un fait ». Rita est ma fille et Lune est celle de Stanislas. « Ses femmes sont souillées et indignes d'un quelconque héritage donc tout nous revient à Stanislas et moi » en tapant la main de Stanislas comme ayant remporté une victoire. Les deux frères s'étaient assurés de fabriquer pour leur frère Raoul une vraie potion mortelle. Ne sous-estimons pas souvent la jalousie des frères qui restent dans l'ombre pendant qu'un se marie et tout lui réussit ; eux, ils regardent et applaudissent. On crachait sur les femmes infidèles, on jetait des mauvais regards aux enfants et on était d'accord avec les frères jaloux et maladroits ; ceux-là qui sans témoins venaient de tuer leur frère pour ses biens. Marthe prit la main de Ludovine et dit : « Raoul ne pouvait pas avoir d'enfants, il en a eu 3. » Douglas et Stanislas le savaient, mais n'ont jamais revendiqué une paternité : « Nous aimons notre mari et même si nous partons d'ici, nous resterons ensemble ». Dans d'autres conditions, on applaudirait ; si Raoul était à l'écoute, toute cette émotion le recueillerait et lui redonnerait sa vie.

D'un geste brusque, Raoul s'assit. Plusieurs s'enfuirent, parmi lesquels les 3 pères de ses enfants. Ses femmes et ses enfants l'embrassèrent et remercièrent Dieu d'avoir exhaussé leurs prières.

Le lendemain, il s'assit sur son vieux fauteuil, sa pipe à la main ; ses femmes lui étaient infidèles, ses enfants ne sont pas vraiment les siens, mais tous l'aiment d'un amour vrai et sincère. Et que dire de ses frères de confiance ! Heureusement qu'il n'a rien bu. Raoul leva la main pour dire au revoir à sa famille qui partait pour les champs, tira un coup de fumée et sourit à la vie.

ALINE ET LESLIE

Entre ombres et lumière, beaucoup perde leur humanité. Nous avons grandi et sommes devenues mamans, pourtant nous n'avons pas oublié cette guère du lycée où la plus belle et la plus intelligente se tuent pour le garçon populaire. Quoique pas riche, pas talentueux, Patrice était le ticket gagnant pour lequel toute lycéenne qui a un pourcentage moyen cherche, afin d'obtenir une acceptation définitive. Patrice s'amusait bien à passer de Leslie, la plus belle du lycée, à Aline, meilleur score en sport et plus intelligente. Ces deux profils bien différents étaient la référence dans tout l'établissement. Leslie et Aline n'arrêtaient pas de se faire des coups bas, des bagarres programmées. Tout ceci donnant un fan club important à chacune et comme si cela ne suffisait pas, Patrice s'affichait avec la plus populaire de la semaine dans le but d'activer la compétitivité de l'autre. Là encore, on pensait que c'était trop, l'établissement organisait des compétitions pour créer une ambiance autour de cette haine gratuite entre deux enfants. Mais tout ça, c'était le lycée, les folies de l'adolescence et les erreurs de la jeunesse.

Quinze ans plus tard, peut-être l'eau a coulé sur le pont, Leslie s'est mariée avec le père d'Aline et avec lui, a 3 enfants, donc un fils et deux filles. Aline a un fils d'un père inconnu et est toujours célibataire à la recherche du grand amour. La haine, la jalousie et la rivalité qu'a cultivée Leslie toutes ces années ont eu raison d'elle. Au fur et à mesure que les années allaient, Aline devenait aigrie et colérique. Après tout, sa rivale lui avait arraché son père, laissant sa mère au bord de la tombe, l'amour reculait au jour le jour de son cœur. L'intelligente avait passé sa vie à avoir des diplômes et la belle à se faire des amants juteux. Plus juteux que les autres, le père d'Aline devint très vite un mari. L'intelligence était sans emploi et isolée pendant que la beauté vivait dans le confort et l'admiration des gens.

Souvent les épreuves de la vie nous frappent fort, choquent notre égo et cultivent notre humilité à un tel point où tout ce qui semble compliqué devient plus simplifié. Aline n'a hélas pas eu l'avenir prospère que ses parents lui prévoyaient. Depuis, Lord, son fils est devenu sa raison de continuer le combat et sa foi, c'était sa force. Malgré vent et tempête, Aline avait coupé tout contact direct avec son père et sa femme, car, si elle a réussi à leur pardonner l'échec de sa vie, elle a choisi de se méfier d'eux.

Un jour son fils tomba gravement malade, elle s'endetta, se réendetta, demanda de l'aide, hélas ne recevant que des prières. Sans autre solution, elle hotta sa fière dignité, se prostitua, escroqua ; vola l'argent dans la caisse de l'église, mais ce n'était toujours pas suffisant. Elle pleura des cordes et demanda l'assistance du Seigneur avec des références bibliques sans succès. Il ne lui restait plus qu'une seule solution pour sauver son fils ; son père.

Aline se rendit donc dans la ville où enseignait son père afin de lui demander la somme restante pour l'opération de son fils. Elle se renseigna sur le domicile de ce dernier et comme toute attente, elle s'y retrouva facilement. Elle frappa à la porte doucement avec la peur de tomber sur son ancienne camarade de classe. Des pas pressés s'avançaient et une main de femme ouvra le rideau de la porte qui était déjà ouverte : « Ton père n'est pas ici, vas-t'en ! » dit Leslie sans ménagement. Toute tremblante, Aline salua Leslie en lui témoignant du respect. Mais rien à foudre, Leslie ne voulait même pas qu'elle entre. Dans les supplications, Aline se retrouva quand même à l'intérieur de la maison et voyant que c'était là sa dernière chance de sauver son enfant, elle s'assit sur un fauteuil avec audace, déterminée à ne pas sortir. « Sors de ma maison ! » « Je ne sors pas ! » pouvait-on entendre. Une tirait l'autre du fauteuil dans l'objectif de la mettre à la porte et l'autre résistait de toutes ses forces en larmes et en supplications. Pendant le mini-combat, une témoigna à l'autre sa victoire et sa supériorité, et l'autre envoya du coin de l'œil un SOS, car c'était là sa dernière chance. Cette guerre où la dominante et la dominée se tirent à égale force dura une trentaine de minutes. Et sans même que la dominée ne comprenne pourquoi, Leslie lâcha brusquement les mains d'Aline et tomba brutalement par terre. Elle fit un petit signe du regard pour annoncer à l'autre l'hypocrisie des actions qui vont suivre. Elle se mit à crier très fort comme appelant aux témoins : « Au secours, au secours, on vient me tuer dans ma propre maison ! ! » Quelle honte pour moi ! « Pourquoi autant de haine ! » Aline était surprise par tout ceci. Mais sa surprise ne dura pas. Des pas lourds s'avançaient, elle comprit très vite que depuis la chambre son père avait entendu toute la scène et venait défendre sa dulcinée. Rapidement, Aline voulut d'abord soulever Leslie qui était encore au sol, ensuite elle voulut partir en courant, mais elle se mit à genoux et front contre terre pour montrer son respect et sa honte face à la situation. - « Sorts de ma maison, sale hypocrite, pour moi tu es morte et c'est la dernière fois que je te vois ici ! ». C'est là les mots exacts qui brisent des héros, qui condamnent un enfant. Aline ne se laissa pas faire, se redressa et demanda à son père en larmes : - « Père, s'il te plait, mon fils, mon seul enfant est malade et je sais que sept mille pièces d'argent ne représentent pas grand-chose pour ta fortune. » Donne-les-moi s'il te plait et je ne viendrai plus perturber votre tranquillité, supplia Aline. - « Je ne te donnerais rien, petite opportuniste, je vais prendre ma machette et si dans la seconde que je reviens tu es encore là, je te tuerais sans trace » Le père alla immédiatement dans l'arrière-maison et revint avec une machette bien tranchante. À la vue de son père qui s'approchait presqu'en courant pour venir mettre ses dires en exécution, Aline sortit rapidement de la maison et se plaça un peu loin de la concession et commença à les offenser par des versets bibliques adéquats, des cantiques et autres. Alors qu'on pouvait se dire que Dieu était de son côté, enfin, une pluie violente s'est abattue sur la ville et a complètement lavé la jeune fille sans enlever sa peine. Son père, son héros, son roi, le représentant de Dieu sur terre venait de la tuer et avec elle son fils unique. Tout ça pour nourrir les caprices d'une haine qui n'est pas morte. À se demander si la mort sur la croix est vraiment le plus démonstratif d'une preuve d'amour. Sans son fils, elle ne vivra pas. Après la pluie, un coup de soleil la sécha et un homme lui posa la question « Combien avez-vous besoin pour sauver votre enfant ? » « Sept mille pièces d'argent » répondit-elle sans même s'attarder sur le visage de l'inconnu. « Et bien mademoiselle, voici quatorze pièces d'argent. » Courez sauver votre enfant et rappelez-vous toujours que les hommes bons sont rares mais présents. » Elle regarda le visage de l'inconnu et à travers ses yeux, elle crut voir le Christ. Aline prit l'argent et partit sauver son fils.

Le père d'Aline ne roule plus sur l'or vu qu'il est à la retraite. Mais la pauvreté n'a aucune mémoire, aucune dignité, elle tue la honte. Quand on se retrouve dans le besoin, on oublie vite le mal qu'on fait aux gens et l'hypocrisie amène une certaine tempérance dans les actions. Leslie et son mari mendient la générosité d'Aline qui les aide financièrement sans les sortir de la misère. L'histoire se répète, juste le ballon est dans l'autre camp. Je l'ai appris en lisant le journal ; actuellement, Aline est chef d'entreprise.

LE DEPART

Moi quitter ce village pour un autre ? Jamais La jalousie, la sorcellerie, l'hypocrisie, le commérage, la vie des gens, les scènes de ménage… me manqueraient trop et quand même il y aura tout ceci ailleurs, la poussière me manquera. Ici chez moi, les routes fument la poussière naturelle qui se dépose sur les murs des maisons en bordure de route en laissant une odeur de ville et de pain chaud au passage d'un tacot. Les mamans laissent leurs enfants en bas âge jouer nus afin de ne pas salir leur vêtement. Un commerçant passe chaque après-midi sur sa vieille moto pour ravitailler les masures, suscitant toute l'attention des filles célibataires. Mon oncle Duval se fait battre tous les soirs par sa compagne sous des regards parfois moqueurs, parfois excités, rendant une ambiance de folie qui se commente pendant des heures. L'inspiration que donne notre vin local est magique ; après trois verres, chacun s'y découvre un talent ; on y compte des artistes, des boxers, des enseignants, des mélancoliques… Je m'y plais bien dans cette sorcellerie là ; ça m'amuse bien cette haine gratuite pour les autres. Sans vraiment m'y mettre, sans vraiment m'y exclure, j'étais des leurs. On est prêt à se déchirer pour un rien et on se déclare l'amour qu'on ne ressent pas. Il y a continuellement ce risque-là de mourir au jour le jour, cette décision de partir demain qui flotte dans l'esprit, cette envie de devenir meilleur et cette recherche de l'âme sœur. Ces choses abstraites et inutiles que les gens cherchent au lieu de soigner leur faim en travaillant, rendent ce village plus intéressant que d'autres.

Il est 08 heures, et comme tous les matins, le nouveau voisin vieux et bizarre installe devant sa porte son vieux fauteuil. Comme tout retraité célibataire et sans enfants, il accorde une importance vitale à la connaissance de la vie des gens ; du coin de l'œil, il rit de leurs échecs, il critique leurs choix et cela alimente sa vie. Pendant que je consomme tranquillement et de loin les sauts d'humeur des gens, une équipe lourdement armée de 12 militaires a débarqué chez monsieur 'vieux bizarre seul' et avec violence, l'a plaquée à même le sol en criant très fort « Monsieur Ebenezer, vous êtes en état d'arrestation. » Vous êtes accusé de meurtre et pratique de sorcellerie sur mademoiselle 'Aline Vacances', vous avez le droit de garder le silence ! ! » Ils l'ont amené menotter comme un bandit.

On pouvait bien comprendre s'il s'agissait de monsieur Jean-Jacques le sorcier ; au regard de toutes les personnes qu'il a déjà tuées, une arrestation serait logique pour son cas ou s'il était question du pasteur Daniel à double tranchant qui avait rendu femme toutes les ados du village, mais sur le vieux bizarre… Personne ne sait vraiment ni d'où il vient, ni qui il est, certains ont entendu son nom pour la première fois ce matin lors de l'arrestation. De meurtre et de sorcellerie l'avait-on accusé dans une zone où tous les pratiquants de sorcellerie se connaissent ! Et cette mademoiselle de vacances qui est-ce ? Bizarre, me dis-je ; ici la sorcellerie tue sans explications médicales ceux qui ne passent pas l'examen de l'insertion et de l'acceptation sociale. Et dès lors qu'on est en vie ici, on est forcément coupable de quelque chose et d'une manière ou d'une autre, on reste soudé par le pacte du silence des complices. Il avait réussi à se fondre dans la masse.

Le garçon responsable de ses courses a fourni une information très inquiétante ; le vieux avait servi le pays toute sa vie comme inspecteur de police et expliquait souvent la signification de certains mots codés comme Aline vacance qui signifierait : couverture compromise. Cette information a mis la communauté dans une panique totale. Le doyen a appelé tout le monde pour débattre sur le cas d'Ebenezer. Ce jour-là même, dans l'après-midi, on s'est tous retrouvés sous l'arbre de sagesse pour discuter de la menace ; un inconnu avait pendant sept longs mois étudié nos vies, découvert nos secrets et s'en était allé sans qu'on ne puisse vraiment réagir et le pire, c'est qu'on ne savait rien sur lui. Les tueurs, les violeurs, les menteurs, les haineux, les égoïstes, les fiers… étaient tous assis le front baissé. Le doyen se mit debout et dit : « Ebenezer était une taupe, venue uniquement pour espionner notre organisation et venir faire des arrestations. » Nous sommes tous coupables de quelque chose et Ebenezer le sait, il le dira forcément à ses collègues qui viendront lourdement armés pour arrêter tout le monde : il faut qu'on anticipe. » Le doyen se réassit en laissant la parole à qui veut la prendre. L'idée générale de l'assemblée était de trouver un moyen mystique de tuer monsieur Ebenezer avant qu'il ne parle. Les ténèbres se rassemblaient pour un homme. Ici, on entendait des : « Rendons-lui visite dans ses rêves et maintenons-le dormant pour toujours ». Là-bas, une vieille disait : « S'il a droit aux visites, personne ne résiste à un bon plat empoisonné ». En secouant la tête, le doyen répondit : « On ne peut rien faire de tout cela ; nos dons ont des limites ! ! » C'est vrai, en plus, sans informations sur ses origines et son lieu d'incarcération, aucune sorcellerie ne peut naître. De suite, je me dis : Quel talent ! Faire sept mois dans cet enfer et sortir sans aucun péché ! Au point que le Comité spécial du diable siège des heures sans trouver la faille pour le ramener. Comment est-ce possible ? Il fallait forcément appartenir à un groupe.

La haine, le plaisir et la sauvagerie se partageaient les clients ici. Ebenezer serait donc un Jésus ? Je ne pense pas. Tout le monde était de plus en plus inquiet de cette impuissance. On essayait tous d'estimer notre peine selon nos péchés. On se consolait en se disant qu'on n'est pas le plus mauvais de la bande.

Une montée excessive de la poussière annonça l'arrivée d'un cortège de véhicules blindés, pendant que les uns courent à gauche et à droite, d'autres utilisent leur potion la plus puissante pour disparaître de telle sorte qu'à l'arrivée des véhicules militaires, il ne restait que le doyen qui, très vieux pour fuir, tremblait comme une feuille. D'un pas pressé, les militaires formèrent un arc de cercle et firent descendre Monsieur Ebenezer d'un des véhicules. Le militaire le plus décoré sortit un papier de sa poche et dit : « Au nom de toute l'armée et à mon nom propre, je vous présente mes excuses pour tout le préjudice causé par l'arrestation de votre frère Ebenezer, en effet, ce dernier a été accusé injustement et pour avoir vanté la générosité et l'harmonie qui règnent ici, il recevra des chèques conséquents à distribuer avec vous tous les mois. » Les militaires firent le salut militaire et repartirent dans le véhicule en laissant Monsieur Ebenezer avec un petit paquet de billets qu'il transmit directement au doyen pour montrer sa loyauté.

Le lendemain, tout était différent. On était tous persuadé que Monsieur Ebenezer était là pour nous tester, pour nous juger. Mais l'argent qu'il nous donnait chaque mois était très utile. On s'efforçait à présent d'être gentil, souriant et honnête. Les gens commençaient à venter leurs bonnes actions. On initiait des Pactes de Paix et planifiait des projets de développement. Un Jésus venait de naître en enfer sous la protection de l'argent. Il était peut-être temps pour moi de partir.

L'ESPOIR

« Je préfère voir ton père mort plutôt qu'heureux avec une jeune femme », telles étaient les paroles de ma mère lorsque mon père commençait à s'intéresser à une de ses élèves du lycée. On ne saura vraiment dire ce qui se passe pour quitter des je t'aime à des je te tuerai si tu me quitte, mais le fait est qu'ils s'aiment trop pour se pardonner leur routine et l'inefficacité de leur vouloir. « La calleuse volupté de vivre » ne quitte pas l'homme et l'entraine dans bien des tourments.

Marc et Louisette étaient de bons parents, du moins le temps que dure la passion et que naisse d'un ou deux enfants après, ils se sont retrouvés chacun occupés à jouer son rôle pour que la vie continue. Mais vous ne connaissez pas l'alcool et les perversités de ses goûts, vous ne savez pas comment on passe de vie à trépas. Marc était enseignant de maçonnerie, catéchiste, père de deux enfants et de bonne réputation, son gabarit associé à son charisme donnait à tout autre homme de quoi être jaloux et à toute femme un désir inavoué. Sa femme Louisette, elle, avait la beauté et la bonté qui cadrent avec l'homme de la hauteur de Marc. Le temps d'une passion, Marc et Louisette montraient fièrement au monde l'étendue de leur amour. Qu'est-ce qu'il était grand cet amour ! Tout leur réussissait, jusqu'à ce que la première ride s'installe sur leur amour. On était tous fatigués de 'tu n'as pas fait ci tu n'as pas fait ça, tu n'es plus ci tu n'es plus ça', les deux amoureux, sans vouloir se séparer, se faisaient un mal incessant. Marc se mit à la recherche de son moi profond et tomba très vite dans les ivresses soit d'une femme d'un soir, soit d'un verre de trop. Il savait que c'était mal cette conduite qu'il prenait chaque soir, mais ça le rendait vivant et libre. Louisette, au début, demanda conseil au révérant pasteur de la ville, ensuite se lança à relever des défis de son mari ; quand elle apprenait qu'il l'avait trompé, elle le trompait aussi, quand elle soupçonnait un mensonge, elle le mentait encore plus. Mais pour elle, cela devenait épuisant, surtout quand l'âge se met à peser. Marc quitta la maison dans le but de trouver un peu de paix auprès de la jeune et douce Leslie qui venait tout juste d'échouer son baccalauréat et était dans le besoin d'un héros pour la sortir de sa misère. « Il va revenir » se dit d'abord Louisette, il revient toujours. Hélas, elle attendit en vain. Elle pouvait bien suivre les conseils de Rita, son amie choriste, mais non. Louisette riposta violemment en portant plainte contre son bien-aimé : Abandon de foyer, mariage non consommé, adultère, pension alimentaire non payée ; telles étaient les accusations qui pesaient sur Marc. C'était un peu sévère, mais Marc lui avait tout pris, sa jeunesse, son statut, sa tranquillité. Lui, il pouvait simplement refaire sa vie avec une jeune femme et elle, elle était condamnée à mourir seule, car dans le monde où nous vivons, un homme vieux peut toujours se faire des jeunes femmes, mais une vieille n'est plus désirable. Toutes les accusations portées étaient certes fondées, mais Marc risquait la prison pour outrage à la Cour ; à chaque convocation, il n'y allait pas. Il négligeait la force que donne la haine en se basant uniquement sur la non scolarisation de sa femme. Pour éviter ce verdict certain, il fallait impérativement faire appel à la nostalgie des temps passés pour que Louisette retire sa plainte et libère Marc de son mauvais sort.

Ce matin-là, l'avocat de Marc fit appel à lui et lui dit : « J'ai tout essayé, tu iras faire 5 mois de prison dans le meilleur des cas à moins que ta femme retire sa plainte contre toi. » Il fallait donc envisager un arrangement à l'amiable. Faire ami-ami avec une femme qu'on a prise n'est pas chose facile, surtout si on s'est vanté de l'avoir quittée. Marc avait multiplié les occasions d'humilier Louisette en lui infligeant des bastonnades en public, en commentant sur son manque d'expertise sexuelle, ses repas amers qu'il était obligé de manger par respect. Le temps était venu pour Marc de se repentir de tout cela et réclamer sincèrement le pardon de celle qui autrefois fut son bien-aimé. C'est la queue entre les jambes que Marc, son avocat et un de ses frères arrivèrent dans la maison qui autrefois fut son nid d'amour. À son arrivée, ses deux filles étaient devant lui excitées de revoir leur père qui était parti sans mots. À travers leur regard, Marc comprit la peine qu'il avait causée et se sentit presque coupable d'être parti en laissant ses deux petites filles qui en moins d'un an de son départ ressemblaient aux femmes. Il aura peut-être dû leur apporter un cadeau, un jouet… se dit-il. Une fois installée dans la maisonnée, Louisette s'assit sur le fauteuil le plus éloigné de Marc et restait tranquille comme imperturbable. Qu'est-ce qu'elle avait vieilli ! En plus des rides de la vieillesse, elle portait également celles de la colère, de la solitude, du regret et de la souffrance. Devant Marc, Louisette paraissait comme la mère de son mari. Elle savait qu'on venait lui demander miséricorde après tant de peine causée. Marc se plaça debout et dit : « Ma très chère épouse, autrefois on formait une équipe de gagnant, on a vécu de très bons moments, mais en chemin nous nous sommes dispersés, j'ai arrêté de prendre soin de toi et de t'aimer, je te demande pardon, maintenant tout sera différent. » Les enfants et toi vous auriez les moyens nécessaires pour vivre à l'abri du besoin, de temps en temps je viendrai vous rendre visite. « S'il te plait, si un jour tu m'as aimé, retire ta plainte, car je risque la prison. » C'était là une grande marque d'humilité, car quand on le connaît bien, Marc n'était pas du genre à demander pardon ou à être sincère. Malheureusement pour lui, Louisette n'avait retenu que la partie « Je viendrai souvent vous voir », ce qui signifiait qu'il ne reviendra pas à la maison. Il ne comprenait rien à la démarche de l'amour. Marc avait fait trop de mal à Louisette et aux filles. Contre toute attente, Aline, la fille cadette, prit la parole et dit : « Maman, Papa et toi avez fait 23 ans de mariage, vous avez été heureux pendant environ 20 ans et les problèmes sont arrivés. » « S'il te plaît, pardonne-lui pour les 20 ans de bonheur. » C'était des paroles émouvantes pour une fille de 11 ans. Louisette, face à ces paroles, voulut réagir, car cela sonnait comme une trahison, mais était déterminée à ne rien dire, alors la petite fille poursuivit en disant : « Maman, papa et toi, vous avez eu deux enfants que vous aimez tant, s'il te plait au nom de l'amour que tu nous porte, pardonne-lui et retire ta plainte ». La fille aînée, touchée par les paroles de sa cadette qui était déjà en larmes, ajouta : « Maman, tu es une chrétienne ». Ne dit-on pas qu'il faut pardonner dans la Bible ? Et combien de fois faut-il le faire ? « S'il te plait, répond », ces paroles touchaient beaucoup leur père qui était aussi en larmes. Il comprenait à quel point il avait déçu ses filles et à quel point elles sont prêtes pour lui. Malgré qu'il leur ait déçu, elles l'aiment d'un amour d'un fan pour son héros. Peu importe tout ça, Louisette restait sur sa décision. Elle se levait pour faire une déclaration à ses filles : « Je préfère voir votre père mort plutôt qu'heureux avec une autre femme ». Il n'était donc pas question d'argent ou d'égo, il était question d'amour. Marc était surpris par cette déclaration ; il venait de comprendre enfin l'origine de l'amertume de sa femme ; l'abandon.

Des heures passèrent, mais Louisette resta ferme et déterminée. Elle, la servante de Dieu, la femme brave, le modèle à suivre, pourquoi autant de haine ? L'avocat et le frère prirent parole pour exposer à Louisette la hauteur de la somme qui l'attendait si elle retirait sa plainte, mais rien. Elle se riait d'eux, de leur effort à la convaincre. Marc réalisa qu'il avait brisé sa femme et ses enfants et que malgré tout, elles tenaient toujours à lui. Dans ces temps de la fin, il se demanda s'il méritait vraiment d'être pardonné, d'être sauvé. On voulut continuer à plaider pour lui, mais il fit signe aux uns et aux autres d'arrêter. Il était content d'avoir revu ses enfants et sa femme. Il était déçu de l'avoir laissé vieillir si vite. Elle qui autrefois était un ange, il l'avait rendu démon. Sans autre mot plus fort que le pardon, l'avocat, le frère et Marc s'en allèrent très déçus de n'avoir pas atteint leur objectif. Le lendemain matin, l'affaire était programmée à 10 h. Avant 6 h, Marc était déjà devant la salle d'audience en attente de son sort. Lui qui n'était jamais venu, était là. Lui qui ne priait plus, priait. Lui qui autrefois était très confiant, avait des doutes.

C'est incroyable le changement que peut opérer un homme dans ses moments de peur, quand il est habité par le doute. Il se souvient de ses enfants, du jour qu'ils sont nés, de l'amour qu'il avait pour leur mère, de leur première rencontre. Il se demande comment a-t-il fait pour négliger tout ça. Pour lui, 5 mois de prison n'étaient pas suffisants pour punir la peine qu'il avait causée à sa famille. Vers 9 h quand Louisette arriva, Marc se précipita vers elle pour lui dire en toute sincérité qu'il est vraiment désolé de lui avoir fait tant de mal, et que dès qu'il sortira de prison, il se battra pour sa famille et surtout pour reconquérir le cœur de Louisette. À 10 h tapante, la séance débuta et comme prévu, le juge condamna Marc à 5 mois de prison pour outrage à la cour. Marc eut tout de même l'autorisation de dire quelques mots ; « Ma chère épouse, tu es la meilleure version de moi ». C'est avec toi que j'ai vécu les meilleurs moments de ma vie. Tu étais une femme joyeuse, aimante et douce, à cause de moi tu es aigri. Pardonne-moi. Dès que je suis de nouveau libre (dans 5 mois), je redemanderai ta main pour la seconde fois. »

C'était très émouvant jusqu'au niveau où madame la juge prononça les paroles : « C'est en ces termes que nous mettons fin à l'affaire Test contre Marc Du pays ». Affaire test ? Et oui, affaire test, Louisette avait souscrit au concours affaire test lancé par la Cour pénale afin de présenter à la population les lois de l'État et les méthodes de la cour pénale. Il n'allait donc pas faire 5 mois de prison, il était libre et aucune peine ne pesait contre lui. Louisette se précipita vers son mari, certaine d'une réconciliation et d'un changement. Elle était prête à prendre ce nouveau départ avec son bien-aimé, mais hélas, il ne faut jamais tenir compte des paroles d'un homme face à la mort.

L'HISTOIRE MAL RACONTEE

« Je préfère voir ton père mort plutôt qu'heureux avec une jeune femme », telles étaient les paroles de ma mère lorsque mon père commençait à s'intéresser à une de ses élèves du lycée. On ne saura vraiment dire ce qui se passe pour quitter des je t'aime à des je te tuerai si tu me quitte, mais le fait est qu'ils s'aiment trop pour se pardonner leur routine et l'inefficacité de leur vouloir. « La calleuse volupté de vivre » ne quitte pas l'homme et l'entraine dans bien des tourments.

Marc et Louisette étaient de bons parents, du moins le temps que dure la passion et que naisse d'un ou deux enfants après, ils se sont retrouvés chacun occupés à jouer son rôle pour que la vie continue. Mais vous ne connaissez pas l'alcool et les perversités de ses goûts, vous ne savez pas comment on passe de vie à trépas. Marc était enseignant de maçonnerie, catéchiste, père de deux enfants et de bonne réputation, son gabarit associé à son charisme donnait à tout autre homme de quoi être jaloux et à toute femme un désir inavoué. Sa femme Louisette, elle, avait la beauté et la bonté qui cadrent avec l'homme de la hauteur de Marc. Le temps d'une passion, Marc et Louisette montraient fièrement au monde l'étendue de leur amour. Qu'est-ce qu'il était grand cet amour ! Tout leur réussissait, jusqu'à ce que la première ride s'installe sur leur amour. On était tous fatigués de 'tu n'as pas fait ci tu n'as pas fait ça, tu n'es plus ci tu n'es plus ça', les deux amoureux, sans vouloir se séparer, se faisaient un mal incessant. Marc se mit à la recherche de son moi profond et tomba très vite dans les ivresses soit d'une femme d'un soir, soit d'un verre de trop. Il savait que c'était mal cette conduite qu'il prenait chaque soir, mais ça le rendait vivant et libre. Louisette, au début, demanda conseil au révérant pasteur de la ville, ensuite se lança à relever des défis de son mari ; quand elle apprenait qu'il l'avait trompé, elle le trompait aussi, quand elle soupçonnait un mensonge, elle le mentait encore plus. Mais pour elle, cela devenait épuisant, surtout quand l'âge se met à peser. Marc quitta la maison dans le but de trouver un peu de paix auprès de la jeune et douce Leslie qui venait tout juste d'échouer son baccalauréat et était dans le besoin d'un héros pour la sortir de sa misère. « Il va revenir » se dit d'abord Louisette, il revient toujours. Hélas, elle attendit en vain. Elle pouvait bien suivre les conseils de Rita, son amie choriste, mais non. Louisette riposta violemment en portant plainte contre son bien-aimé : Abandon de foyer, mariage non consommé, adultère, pension alimentaire non payée ; telles étaient les accusations qui pesaient sur Marc. C'était un peu sévère, mais Marc lui avait tout pris, sa jeunesse, son statut, sa tranquillité. Lui, il pouvait simplement refaire sa vie avec une jeune femme et elle, elle était condamnée à mourir seule, car dans le monde où nous vivons, un homme vieux peut toujours se faire des jeunes femmes, mais une vieille n'est plus désirable. Toutes les accusations portées étaient certes fondées, mais Marc risquait la prison pour outrage à la Cour ; à chaque convocation, il n'y allait pas. Il négligeait la force que donne la haine en se basant uniquement sur la non scolarisation de sa femme. Pour éviter ce verdict certain, il fallait impérativement faire appel à la nostalgie des temps passés pour que Louisette retire sa plainte et libère Marc de son mauvais sort.

Ce matin-là, l'avocat de Marc fit appel à lui et lui dit : « J'ai tout essayé, tu iras faire 5 mois de prison dans le meilleur des cas à moins que ta femme retire sa plainte contre toi. » Il fallait donc envisager un arrangement à l'amiable. Faire ami-ami avec une femme qu'on a prise n'est pas chose facile, surtout si on s'est vanté de l'avoir quittée. Marc avait multiplié les occasions d'humilier Louisette en lui infligeant des bastonnades en public, en commentant sur son manque d'expertise sexuelle, ses repas amers qu'il était obligé de manger par respect. Le temps était venu pour Marc de se repentir de tout cela et réclamer sincèrement le pardon de celle qui autrefois fut son bien-aimé. C'est la queue entre les jambes que Marc, son avocat et un de ses frères arrivèrent dans la maison qui autrefois fut son nid d'amour. À son arrivée, ses deux filles étaient devant lui excitées de revoir leur père qui était parti sans mots. À travers leur regard, Marc comprit la peine qu'il avait causée et se sentit presque coupable d'être parti en laissant ses deux petites filles qui en moins d'un an de son départ ressemblaient aux femmes. Il aura peut-être dû leur apporter un cadeau, un jouet… se dit-il. Une fois installée dans la maisonnée, Louisette s'assit sur le fauteuil le plus éloigné de Marc et restait tranquille comme imperturbable. Qu'est-ce qu'elle avait vieilli ! En plus des rides de la vieillesse, elle portait également celles de la colère, de la solitude, du regret et de la souffrance. Devant Marc, Louisette paraissait comme la mère de son mari. Elle savait qu'on venait lui demander miséricorde après tant de peine causée. Marc se plaça debout et dit : « Ma très chère épouse, autrefois on formait une équipe de gagnant, on a vécu de très bons moments, mais en chemin nous nous sommes dispersés, j'ai arrêté de prendre soin de toi et de t'aimer, je te demande pardon, maintenant tout sera différent. » Les enfants et toi vous auriez les moyens nécessaires pour vivre à l'abri du besoin, de temps en temps je viendrai vous rendre visite. « S'il te plait, si un jour tu m'as aimé, retire ta plainte, car je risque la prison. » C'était là une grande marque d'humilité, car quand on le connaît bien, Marc n'était pas du genre à demander pardon ou à être sincère. Malheureusement pour lui, Louisette n'avait retenu que la partie « Je viendrai souvent vous voir », ce qui signifiait qu'il ne reviendra pas à la maison. Il ne comprenait rien à la démarche de l'amour. Marc avait fait trop de mal à Louisette et aux filles. Contre toute attente, Aline, la fille cadette, prit la parole et dit : « Maman, Papa et toi avez fait 23 ans de mariage, vous avez été heureux pendant environ 20 ans et les problèmes sont arrivés. » « S'il te plaît, pardonne-lui pour les 20 ans de bonheur. » C'était des paroles émouvantes pour une fille de 11 ans. Louisette, face à ces paroles, voulut réagir, car cela sonnait comme une trahison, mais était déterminée à ne rien dire, alors la petite fille poursuivit en disant : « Maman, papa et toi, vous avez eu deux enfants que vous aimez tant, s'il te plait au nom de l'amour que tu nous porte, pardonne-lui et retire ta plainte ». La fille aînée, touchée par les paroles de sa cadette qui était déjà en larmes, ajouta : « Maman, tu es une chrétienne ». Ne dit-on pas qu'il faut pardonner dans la Bible ? Et combien de fois faut-il le faire ? « S'il te plait, répond », ces paroles touchaient beaucoup leur père qui était aussi en larmes. Il comprenait à quel point il avait déçu ses filles et à quel point elles sont prêtes pour lui. Malgré qu'il leur ait déçu, elles l'aiment d'un amour d'un fan pour son héros. Peu importe tout ça, Louisette restait sur sa décision. Elle se levait pour faire une déclaration à ses filles : « Je préfère voir votre père mort plutôt qu'heureux avec une autre femme ». Il n'était donc pas question d'argent ou d'égo, il était question d'amour. Marc était surpris par cette déclaration ; il venait de comprendre enfin l'origine de l'amertume de sa femme ; l'abandon.

Des heures passèrent, mais Louisette resta ferme et déterminée. Elle, la servante de Dieu, la femme brave, le modèle à suivre, pourquoi autant de haine ? L'avocat et le frère prirent parole pour exposer à Louisette la hauteur de la somme qui l'attendait si elle retirait sa plainte, mais rien. Elle se riait d'eux, de leur effort à la convaincre. Marc réalisa qu'il avait brisé sa femme et ses enfants et que malgré tout, elles tenaient toujours à lui. Dans ces temps de la fin, il se demanda s'il méritait vraiment d'être pardonné, d'être sauvé. On voulut continuer à plaider pour lui, mais il fit signe aux uns et aux autres d'arrêter. Il était content d'avoir revu ses enfants et sa femme. Il était déçu de l'avoir laissé vieillir si vite. Elle qui autrefois était un ange, il l'avait rendu démon. Sans autre mot plus fort que le pardon, l'avocat, le frère et Marc s'en allèrent très déçus de n'avoir pas atteint leur objectif. Le lendemain matin, l'affaire était programmée à 10 h. Avant 6 h, Marc était déjà devant la salle d'audience en attente de son sort. Lui qui n'était jamais venu, était là. Lui qui ne priait plus, priait. Lui qui autrefois était très confiant, avait des doutes.

C'est incroyable le changement que peut opérer un homme dans ses moments de peur, quand il est habité par le doute. Il se souvient de ses enfants, du jour qu'ils sont nés, de l'amour qu'il avait pour leur mère, de leur première rencontre. Il se demande comment a-t-il fait pour négliger tout ça. Pour lui, 5 mois de prison n'étaient pas suffisants pour punir la peine qu'il avait causée à sa famille. Vers 9 h quand Louisette arriva, Marc se précipita vers elle pour lui dire en toute sincérité qu'il est vraiment désolé de lui avoir fait tant de mal, et que dès qu'il sortira de prison, il se battra pour sa famille et surtout pour reconquérir le cœur de Louisette. À 10 h tapante, la séance débuta et comme prévu, le juge condamna Marc à 5 mois de prison pour outrage à la cour. Marc eut tout de même l'autorisation de dire quelques mots ; « Ma chère épouse, tu es la meilleure version de moi ». C'est avec toi que j'ai vécu les meilleurs moments de ma vie. Tu étais une femme joyeuse, aimante et douce, à cause de moi tu es aigri. Pardonne-moi. Dès que je suis de nouveau libre (dans 5 mois), je redemanderai ta main pour la seconde fois. »

C'était très émouvant jusqu'au niveau où madame la juge prononça les paroles : « C'est en ces termes que nous mettons fin à l'affaire Test contre Marc Du pays ». Affaire test ? Et oui, affaire test, Louisette avait souscrit au concours affaire test lancé par la Cour pénale afin de présenter à la population les lois de l'État et les méthodes de la cour pénale. Il n'allait donc pas faire 5 mois de prison, il était libre et aucune peine ne pesait contre lui. Louisette se précipita vers son mari, certaine d'une réconciliation et d'un changement. Elle était prête à prendre ce nouveau départ avec son bien-aimé, mais hélas, il ne faut jamais tenir compte des paroles d'un homme face à la mort.

LA DANSE DE LA HONTE

L'homme domine sur l'homme pour le rendre plus malheureux. Le premier malheur est passé. Pourquoi ma souffrance est-elle continuelle ? je n'ai été jusqu'ici qu'à la poursuite de gloire ridicule en essayant d'expliquer les conséquences des causes à effets. J'ai souillé mon intelligence en livrant le combat de la honte dans un ring où l'homme est roi. Vous ne connaissez pas la solitude dans la trentaine. On est prêt à donner son âme au diable pour un grain d'amour d'un homme afin d'égayer la solitude.

Une danse m'avait-on dit. Une danse où la femme choisit l'homme d'une vie ; du moins ce qu'il en reste de sa vie. Idéale pour rendre ma joie parfaite après la victoire de la sagesse et la richesse. Il faut consommer tout ce monde avec un amant éternel et loyale. Il était peut-être question de sexualité ou d'humilité. La notice parlait peut-être d'art ou d'obstacle. Peu importe ; il était question d'un homme en une dance. C'est plutôt facile et rapide.

Je suis le genre de femme autoritaire qui a travaillé dur pour mettre la société sous ses pieds en cultivant l'argent et le pouvoir. Mais malheureusement la solitude m'a rendue philosophe. A quoi bon tout l'or du monde si on est seul pour en jouir ? Tout est vanité peut-être mais parfois vaut mieux être mal accompagné que d'être seul. La danse allait avoir lieu le 13 septembre du mois en cours. Il me restait donc peu de temps pour préparer la venue d'un mari dans mon narcisse.

A la veille, tout était prêt. Il ne manquait plus que l'homme. La musique chantait l'amour, je sentais l'harmonie du paradis original, mon whisky était meilleur d'auparavant. Il y a plus de plaisir à donner qu'en recevoir. Ce bonheur était la récompense pour ma justice. D'abord l'argent, ensuite le pouvoir et maintenant l'amour. J'allais sans appel fendre la terre et donner cours aux fleuves. Bien sûr il fallait un peu rabattre mon égo, cultiver mon humilité et se soumettre à un homme mais j'étais déterminé à prendre le risque.

Ce jour-là, mon réveil n'avait même pas sonné que j'étais déjà debout stressée d'être sous l'autorité d'un inférieur à moi. Oui je redoutais bien le fait de me retrouver de l'autre côté ; du côté ou on obéit sans mot dire ; du côté ou on se soumet sur la base des écris biblique. D'habitude c'est moi l'animal sauvage, la femme fatale qui détruit pour traduire sur l'étendue de son pouvoir. J'allais couper mes ailles au nom de l'amour. Tout débuta par ce voyage dans la ville d'à côté comme quoi le bonheur n'est pas très loin, il est juste un peu couteux.

Le site était une reproduction du jardin d'Eden comme pensée par Dieu. Il y avait beaucoup de sagesse dans les détails, un soleil artificiel donnait une ambiance de fin de journée, la décoration était magique ; des maisons en arbres, des serpents artificiels sur les troncs d'arbres, les fleurs aux couleurs vives alignées comme indiquant le chemin, une équipe très accueillante et presque nu servaient des cocktails aphrodisiaques.

L'accueil était sans faute. J'étais habitué à des révérences hypocrites des employés qui veulent se faire une place. Mais là, les mots qu'on utilisait pour mon respect étaient très puissant et me donnaient un gout plus agréable que le pouvoir. Un fait me laissa tout de même perplexe ; l'étonnement des gens quand je leur montrais mon ticket d'accès en leur disant fièrement que j'étais là pour me faire un mari pendant la danse.

Vers midi tous les hommes candidats défilaient devant les femmes. Le spectacle étaient agréables au regard, on voulait direct tester tous les produits avant d'en prendre un. J'étais surement au septième jour, le jour où on regarde la création et on se rend comme que tout sur terre est si bon. Les corps nus et pleins de sueurs me revendiquaient, me voulaient. IL fallait attendre jusqu'en début de soirée la danse pour se gouter au fruit défendu.

Ce n'était pas une danse classique. Des tenus avaient été distribuées aux danseurs. J'avais trouvé la mienne originale. C'était un cache sexe qui couvrait uniquement le pubis en laissant mes boules de derrière et de devant ouvert. L'employé désigné pour mon service m'expliqua que c'était la tenue portée pas tous. Et que c'était le meilleur moyen d'avoir le bonheur rapidement. Vu le prix de cette dance, je m'attendais à ce qu'elle soit un peu difficile à exécuter.

Un grand feu autour duquel tournent des ombres, une décoration sauvage et bizarre soulevant un questionnement sur les méthodes de l'art. Ici un liquide rouge sur le sol, les arbres, et les feuilles, là-bas une tribune de spectateurs certains vêtu en rouge d'autres de blanc. Un tambour annonça le début de la chasse à l'amour. Qui était le chasseur ? Qui était le chassé ? je ne le savais pas mais mon instinct de femme au pouvoir savait les bons réflexes pour rendre le dessus.

Les yeux bandés, on me conduisit dans un lieu. On était un groupe de femme car on se tenait les mains. J'entendais les commentaires des autres femmes. Elles étaient dans la peur. Selon elle, nous cheminions naïvement dans l'abattoir comme des moutons. Cela au lieu de m'interpeler, me donna matière à en faire une leçon sur la phobie de l'homme quant à l'inconnu. Une lumière très forte frappa mes yeux encore bandés. La minute d'après on nous hottèrent nous bandes des yeux.

On était un petit groupe de quatre femmes à la corpulence identique. Au loin on pouvait apercevoir des silhouettes d'hommes. De quoi prendre tous les risques. Comme la lumière était forte on avait l'impression d'un semblant d'intimité. Un homme nu nous enleva avec violence les pagnes qui couvraient nos corps presque nus. Cet acte de violence choqua suffisamment mon égo pour faire monter mon excitation. Alors qu'on se disait être trop nu pour une danse, une voix nous ordonna avec autorité de retirer nos caches sexes.

C'était la première fois que je me retrouvais dans une position aussi inconfortable. Nu comme au début de la création, avec trois autres femmes qui me dévisageaient. Quatre femmes qui ne se connaissent pas avaient la honte de la nudité en partage. Je savais que si elle est jouée par la folie, cette danse se changera en combat. J'étais nu, complètement nu, sans mes titres et mon luxe. Je sentais l'arnaque s'approcher de moi. Je commençai à me poser les questions existentielles.

Une femme habillée élégamment nous donna un breuvage spirituel qui selon elle, cette fumée nous aiderait à ressortir notre animal intérieur. Les hommes s'approchaient progressivement vers la lumière. Une fois devant nous, une peur me saisit. Il y avait douze hommes en vêtements de sport ayant chacun un outil ; des flèches, des battes, des machettes. Qu'est-ce a été ma vie si tout finissait là ? Il ne me restait plus que ma foi comme arme et mon courage. Le sort des autres femmes m'importait peu. Il fallait que ma malice me sorte rapidement de là.

Alors que je pensais que je ne pouvais pas être plus nu que ça, les projecteurs luminaires s'éteignirent. Un public impatient s'agitait à l'extérieur de ce qui se rapprochait le plus d'une cage. Une voix se mit à présenter les participantes. On me présenta comme une vicieuse imbue, sans cœur, aigris et pathétique. J'avais honte par ce que j'étais nu. Le regard de la foule atteignait mon âme. Selon la voix qui parlait fort, nous étions les femmes les plus intelligentes du pays et malgré le confort de nos vies, on cherchait l'impossible dans l'amour, le fantasme, la sauvagerie et la folie.

Les règles étaient simples ; il fallait faire appel à son animal intérieur pour survivre. Chacune avait trois hommes comme bourreaux. Il fallait danser, être artiste. L'homme qui tuait une femme avait la vie sauve et une fortune de trente tonnes d'or, la femme qui tuait ses trois hommes avaient la vie sauve. Séduction, malice, ruse, tromperie, violence et meurtre allait être danser au rythme du tambour. Par groupe de quatre, on enferma une femme et quatre hommes dans un enclot.

C'était de quoi anéantir l'intelligence des intelligents. Après tout, qui est sage devant une mort certaine ? L'intelligence est trop lente pendant que la force est violente et rapide. Oui l'homme domine sur l'homme pour le rendre plus malheureux. Sinon quel serait le but d'une telle violence ? Oui j'ai été dans ma richesse trop fière, enflé d'un vain orgueil. Oui j'ai brisé plus d'un espoir et plus d'un rêve. Est-ce donc là mon châtiment ? Il n'y avait-il que du mauvais en moi ? Une fois dans la case je pris rapidement la conversation car j'étais sans armes face à trois hommes bien battis et déterminé à toucher la cagnotte.

En pointant du doigt le moins costaud, je dis : « tu n'es ni beau, ni fort, ni valent, rien en toi n'attire mon attention, tu n'es pas digne de me hotter la vie. Sais-tu à combien est estimée ma fortune ? » Se sentant diminué, le moins costaud se dirigeait vers moi en brandissant sa machette. Aussitôt j'interpellai les deux autres à réagir rapidement : « vous allez laisser ce faible me tuer et prendre l'or ? » Pendant que le trio se bagarraient à égale force, j'eus le temps de jeter un coup d'œil dans les autres enclos. Deux hommes avaient achevé leur combat en tuant la femme et les deux autres hommes. L'autre femme était en larme dans un coin de la cage, un de ses hommes était mort et les deux autres se battaient à sang.

Alors que leur force les quittaient sans qu'aucun ne prennent le dessus, mes trois hommes étaient épuisés mais déterminés. « J'ai soif. Je pense que personne de vous n'aura la vie sauve si je meurs de mort naturel. » leur dis-je. Ils prirent une petite pause pour analyser ma demande. Et oui à moins d'une heure de la mort j'avais des envies charnelles. Les positions de combats reprenaient alors je leur dis : « je trouve que celui qui a la machette a l'avantage sur les autres ; la batte et la flèche ne valent pas une machette. Celui qui réussit à arracher la machette des mains du faible aura l'avantage et je le laisserai me tuer sans résistance.

Même jusque-là rien ne changea, une heure était passé et personne n'était mort. Alors je convaincu les deux plus costauds de combattre l'homme à la machette ensemble. J'avais choisi qui allait mourir en premier et j'utilisais la persuasion pour corrompre les esprits. Pendant que j'étais dans un coin cherchant secrètement une échappatoire, l'un des hommes fort me lança sa flèche qui me transperça l'épaule et celui à la batte le frappa sur la tête brutalement. Lorsque le corps sans vie de l'homme à la flèche tomba, j'étais soulagée d'avoir un mort. Sur le visage des deux autres, on pouvait lire leur jouissance à faire le mal.

Deux hommes et une femme étaient prêts à tout pour vivre. Armés l'un de machette, l'autre d'une batte et la femme d'une flèche à l'épaule et d'une parole trouble. « Tuons d'abord la femme » dis l'un. « Et a qui reviendra l'or ? » répondit l'autre. « C'est logique la femme doit mourir vers la fin, il faut que l'un de vous tue l'autre et rapidement car il ne reste plus que nous dans la cage. » Comme des bêtes sauvages, la violence atteignit les limites de l'inimaginable. Les deux hommes étaient complètement recouverts par leur sang. Celui à la batte me regardait avec désir comme volant me cueillir, me protéger, m'aimer. Ça aura été lui l'homme de ma vie. Son adversaire très mal en point venait de prendre l'avantage sur lui. Je courrai vers lui pour le révéler mais une fois prêt de lui je retirai la flèche sur mon épaule et je l'enfonçai dans la gorge de l'homme à la batte. Il ne restait que l'homme à la machette et moi.

Il était plutôt satisfait d'être le vainqueur de cette danse de la honte pour une gloire ridicule où on tue le semblable pour une promesse, pour un rêve ou pour un rien. Qu'est ce qui blessait le plus ; les acclamations des spectateurs, la fierté de celui qui tue, la honte de l'égo nu. On dira peut-être que c'est de l'art, il y a peut-être une logique dans cette sauvagerie, une leçon à tirer. Il faut peut-être arriver jusque-là pour mesurer le caractère sacré de la vie. Et le bon Dieu que fait-il ? On était plus que deux, il fallait qu'un l'emporte sur l'autre.

J'avais encore plus d'un tour dans mon sac. Pour la ruse, je lui proposai de me donner la machette pour que le combat soit équitable ; il refusa. Pour la séduction, je lui dis : « me trouves tu à ton gout ? Sais-tu de quoi est capable une femme comme moi entre quatre murs ? Je suis riche et puissante. Avec une femme comme moi tu auras une place sociale. Pour la malice je dis : « Trente tonnes d'or ne sont rien devant ma fortune. Si tu me laisse te tuer, je m'assurerais que ta famille vive à l'abris du besoin. Tu m'as surement vue à la télévision je tiens toujours ma parole. En plus rien ne te garantit d'avoir l'or après m'avoir tué. »

L'homme a la machette fit trois pas en arrière, s'assis et jeta sa machette sanglante. Je pris la machette et alors même que je m'apprêtais à égorger l'adversaire. Il se mit à parler tout bas je me rapprochai pour écouter. Il disait en boucle : « je suis Joshua le fils aimé d'une petite famille de charpentiers. » Je devais l'abattre pour avoir la vie sauve mais la curiosité du savant me poussait à percer son malheur. » « Joshua que fais-tu ici ? » lui demandais-je. « J'étais marié à trois femmes et j'avais beaucoup d'enfants. Dieu m'a tourné le dos à cause du plaisir que m'apportait ma perversité. J'ai presque tout perdu mes femmes, mes enfants, mon prestige. Il ne me reste plus que mon petit-fils, fils de ma première fille. Le seul membre de ma famille encore en vie. J'ai besoin de cet or pour le sauver, lui donner une vie et ce combat est le châtiment que je m'inflige pour attirer l'attention de Dieu. Mais tu as raison, je n'ai aucune garantie, les voies du seigneur sont insondables. Surement tu as une famille nombreuse qui t'attend, il te cherche et qui t'aime alors tue moi. » En se mots, il se mit à quatre pattes pour mieux exposer son cou.

J'aurai préféré une défaite à la loyale. Cet inconnu allait mourir à ma place pour que je puise avoir une meilleure vie avec ma famille. Mais quelle famille ? lui au moins avait encore son petit-fils et jusqu'ici n'avait tué personne. Je voulais moi aussi avoir des enfants, fonder une famille, être bon et revendiquer la vie éternelle. Hélas, petite mon père abusait de moi, ma mère gardait le silence. Dans l'adolescence, les hommes de la rue ont essayé de me transmettre tant bien que mal le meilleur d'eux. Les livres et la musique ont fait le reste et je me suis retrouvé au sommet sans avoir aimer. Ne dit-on pas qu'il n'y a pas de plus grand amour que de donner sa vie pour ses amis ? Donner sa vie pour un inconnu avait un sens encore plus profond. En passant la machette à l'adversaire je lui dis : « personne ne m'attendais dans cette vie, tue-moi vite avant que je ne change d'avis, tu auras accès à tous mes comptes en banque » je lui chuchotai un code à quatre chiffres à l'oreille.

Alors que je prenais la position à quatre pattes, celle pour montrer le coup, une équipe lourdement armée fit irruption dans la cage en criant : « à terre ! à terre que personne ne bouge ! » on était sauvé. On nous conduisit dans une sale pour nous poser des questions sur les faits que nous venons de subir. Contente je me rapprochai de l'homme à la machette pour savoir comment allait son petit-fils. Il me répondit d'un ton narquois : « quel petit fils ? On dansait. » Il semblait avoir du regret que tout ça se soit terminer si précipitamment. Heureusement que j'avais même face à la mort assez d'amour pour mon argent pour donner le bon code à un inconnu. Qui va le mettre aux arrêts cet animal ? La belle regardait la bête s'éloigner loin de l'enclos sous l'apparence d'un homme bon.

LE FILS PRODIGE

Dès le départ sa vie a été un combat, de mère inconnue et de père trop occupé à faire sa vie, Arnauld a grandi sans rien, certes son père payait les frais de sa vie, mais c'est la société qui se chargeait de son éducation. S'il allait à l'école, c'est simplement parce qu'on lui a dit que l'école rend riche et important, s'il aidait, s'il aimait, s'il rirait, c'est simplement qu'à une étape de la vie, il a compris en copiant chez les autres, l'essence de la vie. Il lui fallait peut-être une amoureuse, un combat, un but... Mais rien de tout ça. Souvent, sa joie de vivre se heurtait au choc de la solitude et de l'hypocrisie des gens. En grandissant, il avait vite compris que le savoir ne rend pas riche, au contraire cultive la douleur et que les justes n'ont pas de vieux os. Mais comme tout jeune de la vingtaine, il savait qu'il avait le temps de réécrire sa vie, d'élever son nom.

À ses vingt-huit ans, il venait d'obtenir sa licence en sociologie en ville et se retrouvait comme tous les jeunes à la recherche d'un emploi à la hauteur de sa compétence. Ayant tourné le dos à son vieux père, Arnauld était convaincu qu'il se fera rapidement une place de choix vu d'où il vient. Hélas rien. À quoi lui a-t-il donc servi d'être bon ? De faire des efforts ? De croire en Dieu ? Si à la fin on n'a rien. Il fallait payer loyer et facture, se nourrir et se vêtir, donc travailler. Vacataire à l'école primaire publique en journée et serveur dans un bar la nuit Et oui ! La ville ça coûte surtout quand on est mal accompagné ; sa copine Nanou est une vraie successeuse d'argent. Elle ne produit rien, mais elle consomme les deux tiers de ses revenus. Toute la jeunesse de l'homme finit dans un travail sans réjouissance et peu à peu la force le quitte : « - Mon père a des biens et est vieux, je suis son seul fils et au moins chez lui j'aurais un toit et de quoi me vêtir et quand même il ne me considèrerait plus comme son fils, je lui demanderais du travail et il me l'accordera »

C'était donc le début du retour du fils prodige, malgré les fortes accusations qu'il avait faites sur son père comme quoi il serait l'auteur de la mort de sa mère, malgré les plantations vendues en douces pour aller se faire de l'oseille en ville, les réalités de la vie venaient de briser sa fierté et d'interpeller son humilité. Ce qu'on ne dit pas sur le fils prodige, c'est qu'il est malin, autoritaire et prêt à tout pour arracher une place disponible ; d'ailleurs, on ne sait pas si le père a accepté sa revenue par peur ou par amour.

Une fois chez lui, à l'entame du village, il apercevait son vieux père de loin. Comment a-t-il fait pour vieillir si vite en seulement dix ans ? Avec une canne à la main, il venait vers lui comme un chrétien à la rencontre du Messi. Des larmes et des larmes, tous deux s'excusaient d'avoir fui toute leur vie, mais remerciaient le ciel de les avoir réunis. Sans vraiment faire attention, Arnauld salua ses oncles et cousins. Main dans la main, père et fils se dirigeaient vers la concession du père. Net un pas devant la grande maison, le père tira son fils à côté pour lui montrer une petite cabane. Il voulut d'abord trouver une logique en se disant que c'était normal vu qu'il avait tant déçu son père. Qu'est-ce qu'il croyait ? On n'allait tout de même pas lui dresser la suite VIP. Mais il resta tout de même perplexe en voyant ses oncles et cousins entrer dans la grande maison construite par son père à l'époque qu'il était officier de Justice. Une fois dans la petite cabane, il comprit très vite que son père y vivait et qu'ils allaient cohabiter. Incroyable ! Son père a trois grandes maisons, mais vit dans la cuisine de sa ancienne grand-mère et comme elle est l'unique enfant, il va y cohabiter. Que s'est-il passé ? Pourquoi autant de violence ? C'est pendant ce questionnement

Titre : le fils prodige

Philosophique qu'il se souvient que son cousin Steve lui avait demandé combien de temps il restera. « Je ne sais pas ce qui a été fait, mais il est clair que beaucoup reste à faire » se dit-il allongé sur son lit en bois prêt du feu.

Tôt le matin, son père se pressait et, par politesse et reconnaissance, lui aussi se leva et se pressait aussi. Son vieux père prit une machette, lui aussi. Père et fils se dirigèrent tous deux dans les champs. En plein défichage, Arnaud s'arrêta, ses mains sur ses genoux comme exprimant le découragement ou la déception ; il posa la question à son père : « Que s'est-il passé ? » Pourquoi tu vis dans la cuisine et ton frère et ses enfants dans tes grandes maisons ? Pourquoi tu viens travailler à ton âge ? Pendant qu'il posait des questions encore et encore, le père lui voulait continuer tranquillement son défrichage. Arnauld dut donc devoir stopper son père en lui arrêtant la main. Très lentement, le père alla s'asseoir et le visage baissé, il prit la parole pour dire : « Tu n'étais pas là lorsqu'on se battait, tu n'étais pas là lorsqu'il fallait dire non, tu n'étais simplement pas là… » Ils m'ont dit que j'allais mourir, je t'ai envoyé des lettres, j'ai prié que tu reviennes. Sans réponse de toi, j'ai signé, mais je ne suis pas mort. « Tout leur appartient et nous travaillons pour eux, pour vivre. » Dans l'histoire du fils prodige qui revient, personne ne sait que le père aussi vivait dans l'oppression d'une famille envieuse qui peut-être a poussé le fils à partir pour avoir le champ libre. Le fait est que le départ égoïste du fils a causé la chute du père. Que fallait-il faire ? En soirée, une fois au village, Arnauld et son père furent accueillis par un grand groupe de personnes. « Que célébrons-nous ? » « Pourquoi tout ce monde ? » demanda Arnauld très embarrassé. « Nous célébrons ton passage et ton départ, car nous savons que tu ne t'y plais pas souvent dans cette petite vie ». Par politesse, Arnauld décida de ne d'abord rien dire. Lorsque son regard croisa celui de son père, il eut honte et bu une gorgée du vin local qu'on venait de lui passer dans la foulée. Ce vin local avait la réputation de révéler des artistes, des mélancoliques, des psychopathes… Après qu'il ait bu trois verres, Arnauld cassa d'abord un verre, ensuite un autre, avec plus de violence cassa une bouteille et cria très fort : « Rentrez chez vous bande d'hypocrites ! ! » C'est sous le zèle de l'alcool qu'Arnauld prit son père par la main et allèrent tous deux dormir dans une des grandes chambres de la concession principale. Très tôt le matin, tout l'alcool venait de disparaître de son esprit et il se mit à analyser la situation, il fallait bien s'attendre à ce que ses actes aient des conséquences. Ses oncles avaient les titres, il fallait que l'école qui l'avait mis dans cette position inconfortable lui donne des astuces nécessaires pour remporter ce combat et réassoir la dignité de son père. Il fit donc appel à une jeune beauté de la ville et concorda un plan.

Le lendemain, tout le monde était aux abois, décidé à faire partir Arnauld qui semblait perturber leur tranquillité. L'assise prit place et avant même que l'oncle ne prenne la parole, Arnauld était déjà à genoux devant l'assemblée pour présenter ses excuses en disant : « Excusez mon écart de comportement d'hier, beaucoup m'ont demandé quand est-ce que je repartirai pour la ville et bien sachez-le, je repars dans trois jours. » Je suis juste venu vous présenter la femme que mon père va bientôt épouser. » Et à peine fini de parler qu'une créative d'une beauté à couper le souffle et aux courbes parfaites sortit de la foule. « Waou ! » se dit l'assemblée. « Qu'il est talentueux le bon Dieu de faire un être aussi parfait. » On voulait à présent tout savoir sur l'inconnue. Esther, se nommait-elle, avait une beauté fortifiée par le savoir.

Titre : le fils prodige

Elle était douce sans être faible. En l'observant, tous la désiraient et elle le savait.

« C'est la femme de mon père et s'il est d'accord, le mariage sera célébré demain » dit Arnauld avec un air satisfait. « Rien ne presse, il faut d'abord que notre étrangère face à une ample connaissance avec nous tous » ajouta rapidement l'oncle en cherchant le regard approbatif des membres. - Non, mon oncle, comme je vous l'ai dit, je vous quitte dans trois jours et j'aimerai assister à ce mariage avant mon départ. - Voyons ! Voyons, mon enfant, rien ne presse, tu peux rester plus longtemps, ne nous arrache pas un bien si précieux. » C'est sur ces mots que la rencontre qui visait à chasser un homme de chez lui finit par lui demander de rester le temps d'une jeune femme.

Rapidement tout le village se mit progressivement au service de la belle Esther. Pour un merci, pour un sourire, pour un regard, pour un rien de la part de la toute belle, tout homme était prêt à ventre son âme, à tuer sa femme, à sauter dans la mer. Cela sonnait donc comme un gaspillage que de marier la belle Esther à un vieil homme pauvre. Comment allait-il payer sa dot vu que son frère lui a tout arraché ? Les prétendants étaient tous certains de pouvoir avec leurs atouts détourner la jolie femme. Un tel avait de vastes plantations à donner pour sa main et un tel autre des biens immobiliers, un autre des troupeaux de bœufs… Mais comme d'une rivalité éternelle avec son frère, l'oncle était prêt à donner bien plus que tout ceci pour rendre son frère plus malheureux. L'oncle vint trouver Arnauld et lui dit : « Comment ton père fait-il pour entretenir une femme aussi délicate ? Le taudis dans lequel il vit est trop petit pour contenir son éclat. De plus, ce serait injuste de condamner une si belle fleur à un si triste destin. » Et comme s'étant attendu à ce discours, Arnauld demanda à son oncle de lui proposer des solutions : - Que veux-tu, oncle ? - Laisse-moi cette femme, je saurais m'en occuper. Dit-il. - Non, oncle, cela rendrait papa très malheureux, surtout que tu lui as déjà arraché toutes ses terres et tous ses biens, une femme, ça le tuerait. Marions cette femme à Edouard, le plus fortuné du village, l'argent sera utile à mon père. - Pense-tu qu'il soit prêt à donner plus que moi ? - Il me faut cette femme et je l'aurai » sur ces derniers mots, l'oncle s'en alla. Cette discussion pourtant sans témoins fit le tour du village, passa par les oreilles de tous les prétendants et arriva dans l'oreille de la belle Esther, ce jour-même,

Esther convoqua le village et leur dit avec la politesse des livres : -Je ne peux plus épouser le père d'Arnaud, il y a des hommes ici qui sont dans le fort besoin d'une femme, mais comme je ne peux appartenir qu'à un seul d'entre vous, je fixe donc ma dote à six lotissements de terre de six hectares, quatre grands manoirs, deux champs de cacao et une grosse vache ni plus ni moins. Le premier à avoir cette dote sera mon mari demain même. » À la suite de quoi elle exécuta une danse exotique pour démontrer ses capacités à bien tenir un homme.

Six lotissements de terre de six hectares, quatre grands manoirs, deux champs de cacao, voilà cités les biens que l'oncle avait usurpés au père d'Arnaud. Étrange cette demande surtout si on sait que l'oncle vient tout juste d'acheter, avec l'argent de la récolte du cacao dernier, une grosse vache. Qui avait le temps de faire ces analyses sans bénéfice ? On voulait la femme, et en si peu de temps, l'oncle était en meilleure posture. Plus que l'or, une si belle femme lui apporterait du pouvoir. Le lendemain, l'oncle était prêt à prendre sa femme. Le père d'Arnaud prit tout de même la parole.

Pour supplier les uns et les autres de plus d'humanité. Après tout, c'était sa femme, une consolation de la vie après tant d'épreuves. On le plaignait certes, mais il attendra, les enjeux sont très élevés. Comme toute attente, l'oncle donna tout ce qui avait été demandé pour la main d'Esther en brandissant des documents légaux à la jeune demoiselle, aussitôt les passa à Arnauld, qui, avec l'assistance de l'autorité de la ville, mit tous ces biens à son nom. Cela intrigua un peu l'oncle, mais il était plutôt satisfait d'avoir gagné la femme et la convoitise des gens. Une danse en entraina une autre, le vin rendit fou plus d'un au point où lorsqu'Arnauld annonça qu'Esther avait dix-sept ans et était sa fille, on prit une quinzaine de minutes à l'entendre jusqu'à ne plus entendre la musique. Et oui, Esther était mineure et fille d'Arnaud. Au fur et à mesure qu'il réalisait ce qu'on venait de lui faire, une larme coula lentement de la joue de l'oncle. En moins de quatre jours, Arnauld venait de récupérer la totalité des biens de son père plus une grosse vache. Vanité des vanités, tout est vanité.

LUC LE CHIEN

Dès le départ sa vie a été un combat, de mère inconnue et de père trop occupé à faire sa vie, Arnauld a grandi sans rien, certes son père payait les frais de sa vie, mais c'est la société qui se chargeait de son éducation. S'il allait à l'école, c'est simplement parce qu'on lui a dit que l'école rend riche et important, s'il aidait, s'il aimait, s'il rirait, c'est simplement qu'à une étape de la vie, il a compris en copiant chez les autres, l'essence de la vie. Il lui fallait peut-être une amoureuse, un combat, un but… Mais rien de tout ça. Souvent, sa joie de vivre se heurtait au choc de la solitude et de l'hypocrisie des gens. En grandissant, il avait vite compris que le savoir ne rend pas riche, au contraire cultive la douleur et que les justes n'ont pas de vieux os. Mais comme tout jeune de la vingtaine, il savait qu'il avait le temps de réécrire sa vie, d'élever son nom.

À ses vingt-huit ans, il venait d'obtenir sa licence en sociologie en ville et se retrouvait comme tous les jeunes à la recherche d'un emploi à la hauteur de sa compétence. Ayant tourné le dos à son vieux père, Arnauld était convaincu qu'il se fera rapidement une place de choix vu d'où il vient. Hélas rien. À quoi lui a-t-il donc servi d'être bon ? De faire des efforts ? De croire en Dieu ? Si à la fin on n'a rien. Il fallait payer loyer et facture, se nourrir et se vêtir, donc travailler. Vacataire à l'école primaire publique en journée et serveur dans un bar la nuit Et oui ! La ville ça coûte surtout quand on est mal accompagné ; sa copine Nanou est une vraie successeuse d'argent. Elle ne produit rien, mais elle consomme les deux tiers de ses revenus. Toute la jeunesse de l'homme finit dans un travail sans réjouissance et peu à peu la force le quitte : « - Mon père a des biens et est vieux, je suis son seul fils et au moins chez lui j'aurais un toit et de quoi me vêtir et quand même il ne me considèrerait plus comme son fils, je lui demanderais du travail et il me l'accordera »

C'était donc le début du retour du fils prodige, malgré les fortes accusations qu'il avait faites sur son père comme quoi il serait l'auteur de la mort de sa mère, malgré les plantations vendues en douces pour aller se faire de l'oseille en ville, les réalités de la vie venaient de briser sa fierté et d'interpeller son humilité. Ce qu'on ne dit pas sur le fils prodige, c'est qu'il est malin, autoritaire et prêt à tout pour arracher une place disponible ; d'ailleurs, on ne sait pas si le père a accepté sa revenue par peur ou par amour.

Une fois chez lui, à l'entame du village, il apercevait son vieux père de loin. Comment a-t-il fait pour vieillir si vite en seulement dix ans ? Avec une canne à la main, il venait vers lui comme un chrétien à la rencontre du Messi. Des larmes et des larmes, tous deux s'excusaient d'avoir fui toute leur vie, mais remerciaient le ciel de les avoir réunis. Sans vraiment faire attention, Arnauld salua ses oncles et cousins. Main dans la main, père et fils se dirigeaient vers la concession du père. Net un pas devant la grande maison, le père tira son fils à côté pour lui montrer une petite cabane. Il voulut d'abord trouver une logique en se disant que c'était normal vu qu'il avait tant déçu son père. Qu'est-ce qu'il croyait ? On n'allait tout de même pas lui dresser la suite VIP. Mais il resta tout de même perplexe en voyant ses oncles et cousins entrer dans la grande maison construite par son père à l'époque qu'il était officier de Justice. Une fois dans la petite cabane, il comprit très vite que son père y vivait et qu'ils allaient cohabiter. Incroyable ! Son père a trois grandes maisons, mais vit dans la cuisine de son ancienne grand-mère et comme elle est l'unique enfant, il va y cohabiter. Que s'est-il passé ? Pourquoi autant de violence ? C'est pendant ce questionnement.

Titre : le fils prodige

Philosophique qu'il se souvient que son cousin Steve lui avait demandé combien de temps il restera. « Je ne sais pas ce qui a été fait, mais il est clair que beaucoup reste à faire » se dit-il allongé sur son lit en bois prêt du feu.

Tôt le matin, son père se pressait et, par politesse et reconnaissance, lui aussi se leva et se pressait aussi. Son vieux père prit une machette, lui aussi. Père et fils se dirigèrent tous deux dans les champs. En plein défichage, Arnaud s'arrêta, ses mains sur ses genoux comme exprimant le découragement ou la déception ; il posa la question à son père : « Que s'est-il passé ? » Pourquoi tu vis dans la cuisine et ton frère et ses enfants dans tes grandes maisons ? Pourquoi tu viens travailler à ton âge ? Pendant qu'il posait des questions encore et encore, le père lui voulait continuer tranquillement son défrichage. Arnauld dut donc devoir stopper son père en lui arrêtant la main. Très lentement, le père alla s'asseoir et le visage baissé, il prit la parole pour dire : « Tu n'étais pas là lorsqu'on se battait, tu n'étais pas là lorsqu'il fallait dire non, tu n'étais simplement pas là… » Ils m'ont dit que j'allais mourir, je t'ai envoyé des lettres, j'ai prié que tu reviennes. Sans réponse de toi, j'ai signé, mais je ne suis pas mort. « Tout leur appartient et nous travaillons pour eux, pour vivre. » Dans l'histoire du fils prodige qui revient, personne ne sait que le père aussi vivait dans l'oppression d'une famille envieuse qui peut-être a poussé le fils à partir pour avoir le champ libre. Le fait est que le départ égoïste du fils a causé la chute du père. Que fallait-il faire ? En soirée, une fois au village, Arnauld et son père furent accueillis par un grand groupe de personnes. « Que célébrons-nous ? » « Pourquoi tout ce monde ? » demanda Arnauld très embarrassé. « Nous célébrons ton passage et ton départ, car nous savons que tu ne t'y plais pas souvent dans cette petite vie ». Par politesse, Arnauld décida de ne d'abord rien dire. Lorsque son regard croisa celui de son père, il eut honte et bu une gorgée du vin local qu'on venait de lui passer dans la foulée. Ce vin local avait la réputation de révéler des artistes, des mélancoliques, des psychopathes… Après qu'il ait bu trois verres, Arnauld cassa d'abord un verre, ensuite un autre, avec plus de violence cassa une bouteille et cria très fort : « Rentrez chez vous bande d'hypocrites ! ! » C'est sous le zèle de l'alcool qu'Arnauld prit son père par la main et allèrent tous deux dormir dans une des grandes chambres de la concession principale. Très tôt le matin, tout l'alcool venait de disparaître de son esprit et il se mit à analyser la situation, il fallait bien s'attendre à ce que ses actes aient des conséquences. Ses oncles avaient les titres, il fallait que l'école qui l'avait mis dans cette position inconfortable lui donne des astuces nécessaires pour remporter ce combat et réassoir la dignité de son père. Il fit donc appel à une jeune beauté de la ville et concorda un plan.

Le lendemain, tout le monde était aux abois, décidé à faire partir Arnauld qui semblait perturber leur tranquillité. L'assise prit place et avant même que l'oncle ne prenne la parole, Arnauld était déjà à genoux devant l'assemblée pour présenter ses excuses en disant : « Excusez mon écart de comportement d'hier, beaucoup m'ont demandé quand est-ce que je repartirai pour la ville et bien sachez-le, je repars dans trois jours. » Je suis juste venu vous présenter la femme que mon père va bientôt épouser. » Et à peine fini de parler qu'une créative d'une beauté à couper le souffle et aux courbes parfaites sortit de la foule. « Waou ! » se dit l'assemblée. « Qu'il est talentueux le bon Dieu de faire un être aussi parfait. » On voulait à présent tout savoir sur l'inconnue. Esther, se nommait-elle, avait une beauté fortifiée par le savoir.

Elle était douce sans être faible. En l'observant, tous la désiraient et elle le savait.

« C'est la femme de mon père et s'il est d'accord, le mariage sera célébré demain » dit Arnauld avec un air satisfait. « Rien ne presse, il faut d'abord que notre étrangère face à une ample connaissance avec nous tous » ajouta rapidement l'oncle en cherchant le regard approbatif des membres. - Non, mon oncle, comme je vous l'ai dit, je vous quitte dans trois jours et j'aimerai assister à ce mariage avant mon départ. - Voyons ! Voyons, mon enfant, rien ne presse, tu peux rester plus longtemps, ne nous arrache pas un bien si précieux. » C'est sur ces mots que la rencontre qui visait à chasser un homme de chez lui finit par lui demander de rester le temps d'une jeune femme.

Rapidement tout le village se mit progressivement au service de la belle Esther. Pour un merci, pour un sourire, pour un regard, pour un rien de la part de la toute belle, tout homme était prêt à ventre son âme, à tuer sa femme, à sauter dans la mer. Cela sonnait donc comme un gaspillage que de marier la belle Esther à un vieil homme pauvre. Comment allait-il payer sa dot vu que son frère lui a tout arraché ? Les prétendants étaient tous certains de pouvoir avec leurs atouts détourner la jolie femme. Un tel avait de vastes plantations à donner pour sa main et un tel autre des biens immobiliers, un autre des troupeaux de bœufs… Mais comme d'une rivalité éternelle avec son frère, l'oncle était prêt à donner bien plus que tout ceci pour rendre son frère plus malheureux. L'oncle vint trouver Arnauld et lui dit : « Comment ton père fait-il pour entretenir une femme aussi délicate ? Le taudis dans lequel il vit est trop petit pour contenir son éclat. De plus, ce serait injuste de condamner une si belle fleur à un si triste destin. » Et comme s'étant attendu à ce discours, Arnauld demanda à son oncle de lui proposer des solutions : - Que veux-tu, oncle ? - Laisse-moi cette femme, je saurais m'en occuper. Dit-il. - Non, oncle, cela rendrait papa très malheureux, surtout que tu lui as déjà arraché toutes ses terres et tous ses biens, une femme, ça le tuerait. Marions cette femme à Edouard, le plus fortuné du village, l'argent sera utile à mon père. - Pense-tu qu'il soit prêt à donner plus que moi ? - Il me faut cette femme et je l'aurai » sur ces derniers mots, l'oncle s'en alla. Cette discussion pourtant sans témoins fit le tour du village, passa par les oreilles de tous les prétendants et arriva dans l'oreille de la belle Esther, ce jour-même, Esther convoqua le village et leur dit avec la politesse des livres : -Je ne peux plus épouser le père d'Arnaud, il y a des hommes ici qui sont dans le fort besoin d'une femme, mais comme je ne peux appartenir qu'à un seul d'entre vous, je fixe donc ma dote à six lotissements de terre de six hectares, quatre grands manoirs, deux champs de cacao et une grosse vache ni plus ni moins. Le premier à avoir cette dote sera mon mari demain même. » À la suite de quoi elle exécuta une danse exotique pour démontrer ses capacités à bien tenir un homme.

Six lotissements de terre de six hectares, quatre grands manoirs, deux champs de cacao, voilà cités les biens que l'oncle avait usurpés au père d'Arnaud. Étrange cette demande surtout si on sait que l'oncle vient tout juste d'acheter, avec l'argent de la récolte du cacao dernier, une grosse vache. Qui avait le temps de faire ces analyses sans bénéfice ? On voulait la femme, et en si peu de temps, l'oncle était en meilleure posture. Plus que l'or, une si belle femme lui apporterait du pouvoir. Le lendemain, l'oncle était prêt à prendre sa femme. Le père d'Arnaud prit tout de même la parole

Pour supplier les uns et les autres de plus d'humanité. Après tout, c'était sa femme, une consolation de la vie après tant d'épreuves. On le plaignait certes, mais il attendra, les enjeux sont très élevés. Comme toute attente, l'oncle donna tout ce qui avait été demandé pour la main d'Esther en brandissant des documents légaux à la jeune demoiselle, aussitôt les passa à Arnauld, qui, avec l'assistance de l'autorité de la ville, mit tous ces biens à son nom. Cela intrigua un peu l'oncle, mais il était plutôt satisfait d'avoir gagné la femme et la convoitise des gens. Une danse en entraina une autre, le vin rendit fou plus d'un au point où lorsqu'Arnauld annonça qu'Esther avait dix-sept ans et était sa fille, on prit une quinzaine de minutes à l'entendre jusqu'à ne plus entendre la musique. Et oui, Esther était mineure et fille d'Arnaud. Au fur et à mesure qu'il réalisait ce qu'on venait de lui faire, une larme coula lentement de la joue de l'oncle. En moins de quatre jours, Arnauld venait de récupérer la totalité des biens de son père plus une grosse vache. Vanité des vanités, tout est vanité.

AU CŒUR DU MONDE SAUVAGE

Du haut de ses 40 ans, il était toujours dans la recherche. L'amour de sa jeunesse l'avait rendu aveugle et l'alcool poète. Sans un toit, sans un travail, sans un fils, sans un sou, il lui fallait une vie. Un départ et une arrivée. Il aura peut-être fait un bon fou, un bon poète, un prête mais il n'est rien, il passe ses journées à mendier l'attention des gens qui l'aide sans lui sortir de sa misère. Antoine est un homme blanc, cela devrait pourtant suffire pour être quelqu'un. Il est lui aussi à l'image de Dieu.

Il y a souvent un jour où l'ennuie nous rend philosophe, où l'alcool nous inspire et la honte nous pousse à bout et ne parlons même pas de la solitude. Antoine devait quitter la France ; peut-être son bonheur était ailleurs.

Il y avait une petite annonce dans le journal du matin qui parlait d'un besoin des volontaires pour une aide humanitaire en Afrique centrale. C'était pour lui une manne tombée du ciel car l'offre était gratuite. Il n'aura plus à squatter le vieux fauteuil son petit frère, à mendier son repas, il vivra comme et roi avec des programmes. Il attendait donc en comptant les heures, lisant tout sur l'Afrique et surtout la période coloniale ; le 2 mai date de départ. Il devait se rendre à l'aéroport de Nice à 23h (heure locale) pour l'embarquement après enregistrement.

L'excitation était à son comble ce matin du 2 mai, Antoine était comme un petit enfant bourgeois le matin de noël. Liberté, égalité, fraternité chanta-t-il avec conviction en préparant son petit sac. Il savait la colonisation, les préjudices portés à l'homme noir. Antoine méditait les discours d'équité qu'il dira, les valeurs qu'il défendra. Depuis qu'on leur a fait du mal, personne n'est jamais venue leur demander pardon. Antoine sera le blanc de la réconciliation.

A 21h, Antoine était déjà à l'aéroport de Nice en attente du départ, Son nom était le tout premier dans la liste des enregistrements et cela l'enchantait. L'Airbus A380 était sur la piste, l'aéroport plein à traquer. Bizarrement, on l'appela dans la petite salle d'attente et le plaça avec 8 inconnues donc 6 femmes et deux hommes. « Bonjour à tous ! » dit un homme qui avait l'accoutrement d'un enseignant ordinaire aux vues de ses chaussures usées, de ses vêtements non repassés et de sa bonne maitrise de la langue française. Il parla presqu'une demi-heure mais c'est la fin qui interpella Antoine lorsque monsieur leur montra l'hélicoptère qui les amènera en Afrique.

« Quelle bassesse ! » se dit Antoine. La France pour l'Afrique en l'hélicoptère ? Il voulut revendiquer ses droits, plaider une cause, créer une rébellion mais voyant les autres s'avancer sans mots dire, il se tut sans colère ni dédain et entra dans l'hélicoptère. Après tout c'était sa dernière vie, celle où il pourrait avoir un peu de dignité et d'honneur et des repas gratuits. Escale après escale, on pouvait apercevoir des hectares d'herbe verte, des grands animaux, des peuples…
Peu lui importait la destination ou la mission, il savait que c'était son tour de marquer les esprits et devenir quelqu'un. Antoine méditait tranquillement ses discours lorsqu'un bruit sourd se fit entendre et provoqua la panique du pilote d'abord et des passagers ensuite. « On doit se poser d'urgence ! » dit le pilote au bord de la panique. Le SNCASE SE.700 se posa avec fracas en pleine forêt d'Afrique centrale.

Chacun se précipita à sortir de l'angin. « Quelle est belle l'Afrique ! » cria Antoine validant ses propos de la tête. Une forêt pure, des chants de différents oiseaux, le vent qui faisait danser arbres et herbes, le regard des animaux au loin. Là on comprend que Dieu se soit réjoui de sa création. Il fallait immortaliser le moment avec une belle photo. Le petit groupe s'est rapproché pour l'occasion et le photographie cherchait le bon angle pour ressortir toutes les émotions de l'instant.

Brusquement, douze hommes montés sur douze éléphants et une vingtaine d'hommes noirs armées de flèches et de machettes les encerclèrent et semblaient être très content. Ils les criaient dessus en leur montrant la direction du village. Certains hommes noirs jouaient à toucher les mamelles des jeunes blanches pendant le trajet. Entonnement, Antoine, contrairement aux autres blancs trouvaient ça amusant sans le montrer. Une fois au village, malgré qu'il fût attaché, qu'il n'eut pas mangé, Antoine était content de sa position ; un visuel parfait sur les poitrines de toutes les femmes noires, c'était exquis. On les poussa au milieu de la cour et les força à se déshabiller. Alors que ses confrères se révoltaient, pleuraient ou imploraient miséricorde, Antoine se déshabilla comme un acteur dans un film pour adulte, fière de montre sa tige aux femmes noirs qui regardaient avec attention. Pour une fois dans sa vie que l'attention est sur lui, il envoyait du lourd, il agitait sa tige dans tous les sens pour la rendre dure. Et quand il fut à court d'inspiration, il admira la beauté du paysage, les singes, les éléphants, les girafes, les hommes et les femmes presque nues étaient assis côte à côte comme lors de la création.

On recommanda à toutes les jeunes femmes du village d'aller dans les champs chercher les compliments pour la viande qui venait de se poser dans le village. En fait dans ce village, l'homme noir ne mange pas d'animaux car animaux et hommes noirs sont égaux mais pour eux, le blanc n'est ni homme, ni animal, ils pouvaient le manger. Et c'est une des rares fois qu'ils reçoivent un festin aussi grand.

Antoine s'ennuya un peu en l'absence des femmes. Un singe se rapprocha de lui et lui donna une banane puis une autre et à chaque fois qu'Antoine mangeait la banane, le singe et ses collègues riaient à mâchoires déployées. Il aimait bien ça, c'était la première fois qu'on lui donnait sans contrepartie. En ce single, il identifia mieux qu'un ami, il venait de se faire un frère. Antoine se dit à cet instant que c'était le monde de faire un grand discours surtout qu'il avait toujours toute l'attention du public malgré que les bananes fusent finies. Il se prononça en ses mots : « Liberté, égalité, fraternité. Nos ancêtres ont tué vos religions, nous vous imposions le modernisme, nous ne respections pas vos traditions mais tout ça c'est derrière nous… » alors qu'il voulut dire « mes frères ! » une femme avec des mamelles très retombées s'avança et avec un air narquois répondit en français : « Nous ne sommes pas tes frères ! » Antoine était un peu surpris par la juste de l'association des paroles au gestuel. La femme continua : « Vous trahissez votre Dieu, la seule chose qu'il vous a recommandé c'est l'ignore, mais vous voulez savoir… vous inventez des moyens d'augmenter votre souffrance et de plus vous avez peur de la mort… Nous, nous vivons sans foi ni loi, ni remort, nous vivons c'est tout et quand on doit se nourrir, nous nous nourrissons sans offenser nos dieux ». Elle se leva et pointa du doigt Antoine : « tu es mon repas de ce soir !» Antoine était complètement sous le charme ; « quelle femme ! quelle éloquence !» si ses mains n'étaient pas attachées derrière son dos, il aurait peut-être applaudi.

Tour à tour, chaque jeune femme revenue des champs posait un costaud régime de banane plantain prêt du troupeau d'homme blanc et se dirigeait un peu plus loin dans la cour pour ensemble faire un grand feu.

0n allait vraiment les manger ces hommes ! On leur avait dit : « l'Afrique c'est dangereux » Ils pensaient aux trafics d'organes, aux viols, aux vols, aux guerres… mais à ce qu'ils se fassent manger aux vingt-unième siècle ; quelle sauvagerie !

C'est seulement au moment où les femmes se mettent à limer leur couteau en chantant qu'Antoine réalise que c'est lui le repas. Il pensa à un moyen de créer la panique et prendre la fuite mais une jeune fille aux mamelles bien pointées se plaça devant lui en limant son couteau. Antoine abandonna tout de suite toute idée de fuite ; une femme, une vraie femme, juste pour lui, belle façon de mourir. Selon la femme mère, la plus vieille d'entre tous, les trois hommes allaient être mangés les premiers et les six femmes serviront de provisions. Chaque homme irait avec une femme dans une case pour un dernier festin après quoi celle-ci le préparera pour la cuisson.

Une fois dans sa case avec la jeune femme, une grande table bien chargée l'attendait, vin de tout genre, nourriture de toutes espèces. Sa faim était telle qu'il n'a pas eut l'intelligence de se demander pourquoi il y a de la viande au menu, d'où venait ses assiettes de marque et ces vins de bon gout ?

Et puis pourquoi bon se poser les questions lorsqu'on sait qu'on va mourir ? ce moment était bon, le meilleur moment de sa vie, l'adrénaline des temps derniers. Il mangeait se qu'il voulait, une femme le nourrissait, un lit pour un petit repos l'attendait, il se sentait enfin vivant comme si avant il était endormi. Il crut même être amoureux de nouveau. De temps en temps il essayait de mettre un morceau de viande dans la bouche de la jeune fille qui refusait poliment.

Le lendemain matin, Antoine sortit de sa case, convaincu d'être mort. Le pilote de l'hélicoptère le tapota l'épaule en disant : « ils ont de l'humeur ces sauvages ! chaque fois que je viens avec des nouvelles personnes ils leur font le coup de la barbarie ! » en regardant Antoine droit dans les yeux il lui posa la question : « tu as aimé j'espère ? » avant même qu'il n'eut le temps de répondre, le pilote le coupa en disant : « peu importe, il faut qu'on répare l'hélicoptère car un autre groupe vient bientôt ! ».

Printed by Books on Demand GmbH, Norderstedt / Germany